EMPEZANDO

LAS TOPADORAS

MEG GREVE

CREATIVE EDUCATION • CREATIVE PAPERBACKS

ÍND

ICE

Veo una topadora 4

Rompiendo el camino 6

Limpieza 8

Una ayudante fuerte 10

Haz un sonido 12

Palabras de topadoras 14

Índice alfabético 16

VEO UNA TOPADORA.

Se mueve sobre un tren de rodado.

Se arrastra sobre la tierra.

Las topadoras empujan y arrastran.

El balde quita del camino tierra y rocas.

Hace un camino nuevo.

Una topadora puede usar su escarificador para romper un camino viejo.

Una topadora hace a un lado los escombros. Limpia el espacio para construir un nuevo edificio.

¡Nada interrumpe el avance de una topadora!

Con su balde puede derribar árboles.

Las poderosas topadoras modifican el paisaje. Pueden transformar un bosque en una granja.

¡Una topadora es más fuerte que un toro!

HAZ UN SONIDO

BIP, B

P, BIP, BIP.

¿Puedes imitar los sonidos de una topadora? Escucha estos sonidos:

https://www.youtube.com/watch?v=eFl2ga4hlFM

¡Ahora te toca a ti!

PALABRAS DE TOPADORAS

escarificador: Una pieza de metal en la parte posterior de la topadora que se usa para raspar o romper superficies duras.

escombros: Pedazos dejados después de que algo fue destruido.

tren de rodado: Bandas móviles movidas por ruedas.

6

ÍNDICE ALFABÉTICO

balde 4, 6, 10
camino 6, 7
edificio 8
empujan 5
escarificador 4, 7
granja 11
tierra 5, 6
tren de rodado 4

PUBLISHED BY CREATIVE EDUCATION AND CREATIVE PAPERBACKS
P.O. Box 227, Mankato, Minnesota 56002
Creative Education and Creative Paperbacks are imprints of The Creative Company
www.thecreativecompany.us

LIBRARY OF CONGRESS CATALOGING-IN-PUBLICATION DATA
Names: Greve, Meg, author.
Title: Las topadoras / by Meg Greve.
Other titles: Bulldozers. Spanish
Description: Mankato, Minnesota : Creative Education and Creative Paperbacks, [2025] | Series: Empezando | Includes index. | Audience: Ages 4-7 | Audience: Grades K-1 | Summary: "Bulldozers will introduce budding book learners to a noisy, colorful world with this new Starting Out title, in American Spanish. Colorful photos, labeled diagrams, 'Make a Noise' section, glossary, and more ignite a passion for learning"-- Provided by publisher.
Identifiers: LCCN 2024002901 (print) | LCCN 2024002902 (ebook) | ISBN 9798889894421 (library binding) | ISBN 9781682776971 (paperback) | ISBN 9798889894544 (ebook)
Subjects: LCSH: Bulldozers--Juvenile literature. | Earthmoving machinery--Juvenile literature. | CYAC: Bulldozers. | Earthmoving machinery. | LCGFT: Instructional and educational works.
Classification: LCC TA725 .G7518 2025 (print) | LCC TA725 (ebook) | DDC 629.225--dc23/eng/20240205
LC record available at https://lccn.loc.gov/2024002901
LC ebook record available at https://lccn.loc.gov/2024002902

DESIGN AND PRODUCTION
Design by Rhea Magaro
Production by Beeline Media and Design
Art direction by Tom Morgan
Translation to Spanish by Base Tres
Printed in the United States of America

PHOTOGRAPHS by Shutterstock (Maksim Safaniuk, Dmitry Kalinovsky, Valentin Valkov, Juan Enrique del Barrio, asadykov, kuzmaphoto, Deyana Stefanova Robova, alberto clemares exposito, Ministr-84, Bohbeh, Benno Putro)